ABHANDLUNGEN DER SÄCHSISCHEN AKADEMIE
DER WISSENSCHAFTEN ZU LEIPZIG

Mathematisch-naturwissenschaftliche Klasse

Band 52 · Heft 3

FELIX LAMPADIUS

BEITRAG ZUM NACHWEIS DER WERTMINDERUNG DES WALDES ALS FOLGE VON IMMISSIONSEINWIRKUNG

Mit 4 Abbildungen und 8 Tabellen

AKADEMIE-VERLAG · BERLIN
1974

Vorgelegt in der Sitzung am 22. Januar 1973 von Herrn NEEF,
Arbeitsgruppe „Naturhaushalt und Gebietscharakter",
Manuskript eingeliefert am 22. Januar 1973
Druckfertig erklärt am 18. November 1973

Erschienen im Akademie-Verlag, 108 Berlin, Leipziger Straße 3—4

Lizenznummer: 202 · 100/598/73
Gesamtherstellung: VEB Druckhaus „Maxim Gorki", 74 Altenburg
Bestellnummer: 761 952 1 (2025/52/3) · LSV 4545
Printed in GDR

EVP 6,50

INHALTSVERZEICHNIS

VORWORT

Die Wuchsleistung des Waldes wird abhängig von Baumart und Baumalter maßgeblich durch die Standortsfaktoren Klima und Boden bestimmt. Zu diesen vielfältig differenzierten Faktoren tritt in Rauchschadengebieten als weiterer Standortsfaktor die Immission hinzu, die abhängig von der unterschiedlichen Rauchanfälligkeit der einzelnen Baumarten und Bestände vornehmlich bei chronischer Einwirkung zu andauernden und umfassenden Einbußen der Wuchsleistungen des immissionsbeeinflußten Waldes führt.

Die als Regel geltende wertmäßige Erfassung der durch Immissionseinwirkung verursachten forstwirtschaftlichen Leistungseinbußen geht von der Ermittlung der Verluste an Zuwachsleistungen aus, wobei für den Vergleich des ermittelten Zuwachsverlustes mit der Leistungsnorm nicht immissionsbeeinflußter Bestände Ertragstafelwerte dienen. Im allgemeinen erfolgt die Ermittlung der Zuwachseinbußen auf repräsentativen Teilflächen des rauchgeschädigten Waldes mit nachfolgender Übertragung des dabei erzielten Ergebnisses auf das zu bewertende gesamte Rauchschadenrevier. Aus dem in den über 20 Jahre alten Beständen des Rauchschadenrevieres massenmäßig ermittelten Verlust an Holzerzeugung läßt sich ohne weiteres sein Geldwert rechnerisch ableiten.

Der in der vorliegenden Abhandlung beschriebene Weg der Erfassung der durch Immissionseinwirkung verursachten Waldwertminderung hat sich die von Landbeck aufgestellten Tafeln zur Schätzung der Werte von Waldbeständen zunutze gemacht, die 1966 vom Staatlichen Komitee für Forstwirtschaft für verbindlich erklärt worden sind. Aus der Erkenntnis, daß der Gesundheits- und Wachstumszustand der Nadelwaldbestände als Folge jahrzehntelanger chronischer Immissionseinwirkung andauernd und umfassend beeinträchtigt wird, fiel die Wahl für die Ermittlung der damit in Erscheinung tretenden Wertminderung auf den im westsächsischen Industriegebiet liegenden Rümpfwald bei Glauchau. Da der Grad der immissionsbedingten Leistungseinbuße vornehmlich bei den rauchanfälligen Nadelbaumarten Fichte und Kiefer standortsabhängig ist, wurde die aus der 1958 im Rümpfwald erfolgten Bestandsaufnahme abgeleitete Wertberechnungsgrundlage in diesen beiden Baumarten mehr oder weniger zusagende Standorte aufgegliedert. Der für den immissionsbeeinflußten Rümpfwald ermittelte Waldwert ist rechnerisch dem Wert des Rümpfwaldes gegenübergestellt worden, der sich bei Unterstellung nicht vorliegender Immissionseinwirkung, also unter optimaler standörtlicher Voraussetzung ergeben haben würde. Für Anstellen dieses Vergleiches ist auf die Untersuchungsergebnisse des Vorschlages für eine optimale Baumartenzusammensetzung auf lange Sicht im Gesamtwald der DDR zurückgegriffen worden.

0. Einleitung

Als Folge der ständig fortschreitenden, volkswirtschaftlich notwendigen Steigerung der industriellen Produktion gelangen die im Wirkungsbereich industrieller Emissionen sich befindenden Wälder mehr und mehr in die Situation ernster Existenzgefährdung. Die für die DDR im Jahre 1968 mit 200000 ha als immissionsgeschädigt bezifferte Waldfläche mit einem Gesamtverlust am stehenden Vorrat von, vorsichtig geschätzt, durchschnittlich 14 Millionen Mark jährlich [7] kennzeichnet den ökonomischen Widerspruch, den die industriellen Emittenten als Folge der Wertsteigerung ihrer Produktion hinterlassen. Bei der Analysierung dieses Widerspruches als Gegenüberstellung des Wertes der industriellen Produktion zur Wertminderung der Leistung der immissionsgeschädigten Forstwirtschaft wird zur Beantwortung der Frage beigetragen, inwieweit Aufwendungen von Kosten, einesteils für die Emissionseindämmung seitens der Industrie und andernteils für waldbauliche Therapiemaßnahmen seitens der Forstwirtschaft, volkswirtschaftlich vertretbar sind.

Im Rahmen einer in den letzten Jahren erarbeiteten Studie, die sich mit der geschichtlichen Entwicklung der Rauchschadensituation eines im westsächsischen Industriegebiet liegenden, rd. 750 ha großen Nadelwaldes (Rümpfwald) befaßt hat, wurde eine vergleichende Waldwertberechnung durchgeführt, bei der der Zerschlagungswert des Waldes bei vorliegender Immissionsschädigung dem Zerschlagungswert des gleichen, nicht immissionsgeschädigten Waldes gegenübergestellt worden ist. Im einzelnen hat es sich dabei um ein seit Jahrzehnten unter chronischem Immissionseinfluß stehendes Waldgebiet gehandelt.

Die im Zeitraum 1961—1964 im Rümpfwaldbereich durchgeführten umfangreichen luftanalytischen Ermittlungen haben als SO_2-Belastung der bodennahen Luftschicht im Jahresdurchschnitt Werte zwischen 0,15 mg und 0,25 mg/m^3, im Mittel 0,20 mg/m^3, ergeben. Der Zustand der Rauchschädigung der Fichte- und Kieferbestände bringt im großen und ganzen ihre Einordnung in die Schadstufe 2 mit sich.

Als Berechnungsgrundlage hat die 1958 für den Rümpfwald durchgeführte Inventarisation des Waldzustandes gedient. Da bei dieser vergleichenden Waldwertberechnung entgegen den bisher üblichen, auf Wertgrundlagen repräsentativer Art (Tafelwert oder Zuwachsmeßergebnisse) beruhenden Berechnungsverfahren, von besonderen, die Bestandesleistung kennzeichnenden Wertgrößen (Alter, Bestockungsgrad, Ertragsklasse) aller in die Berechnung einbezogenen Bestände ausgegangen worden ist, soll im folgenden über dieses Berechnungsverfahren und das Berechnungsergebnis berichtet werden. Es soll damit ein Beitrag zur Vornahme von Vergleichen von Rauchschadenwert zum Kostenaufwand für Eindämmung der Schadensursache bzw. zur Schadenstherapie geleistet werden.

1. Allgemeine Voraussetzungen für die wertmäßige Erfassung des infolge Raucheinwirkung eingetretenen Waldschadens

Die Feststellung des Wertes des durch Immissionseinwirkung eingetretenen Waldschadens setzt die scharfe Trennung der Erscheinung der Rauchschädigung vom Tatbestand des Rauchschadens voraus. Diese Unterscheidung von Schädigung und Schaden wird dadurch erschwert, daß sich die Rauchschädigung des Waldes als Folge der physiologischen Reaktion der Pflanze auf die Raucheinwirkung einstellt, ohne daß gleichzeitig die Veränderung ihrer Wachstumsleistung im Vergleich zu bisher eintreten muß, bzw. nachweisbar wird. Es kann allerdings auch dazu kommen, daß durch Immissionseinwirkung geringe Zuwachsverluste an Waldbäumen hervorgerufen werden, ohne daß gleichzeitig äußerlich wahrnehmbare Schädigungen der Assimilationsorgane zu erkennen sind [8]. Das bestärkt aber nur darin, die festgestellte Rauchschädigung des Waldes nicht ohne weiteres als identisch mit dem Tatbestand des Rauchschadens in Beziehung zu bringen, um so mehr weil die Rauchschädigung auch reversibel sein kann. Die von der Erfassung von Schädigungssymptomen wie Verfärbung, Ausbildung, Volumen u. a. der Assimilationsorgane ausgehende Feststellung des durch Immission bewirkten Schädigungsgrades ist somit als Grundlage für die Berechnung des Rauchschadenwertes ungeeignet. Der im Wald eingetretene Rauchschaden entspricht einem irreversiblen Tatbestand, mit dem die Verschlechterung der Werteigenschaften des gesamten Waldfonds als ökonomische Folgeerscheinung der Immissionseinwirkung nachweisbar wird. In ökonomischem Sinne ist dabei zwischen der durch Immissionseinwirkung verursachten Minderung des wirtschaftlichen, ideellen und auch des biozönotischen Wertes des Waldes zu unterscheiden. Der wirtschaftliche Wert des Waldes beruht im wesentlichen in seiner produktiven Funktion als Holzerzeuger. Hierzu ergeben sich infolge Immissionseinwirkung für das aus Wachstumsgesetzen abgeleitete und vom Nachhaltigkeitsprinzip bestimmte Produktionsziel quantitative und qualitative Produktionsverluste. Diese Verluste bestehen unmittelbar als Rückgang der normalen Produktionsleistung in laufender Zuwachsminderung, in zwangsläufig eintretender Verkürzung des Produktionszeitraumes der rauchkranken Bestände, im Mindererlös infolge Senkung der Qualität des Holzes dürr gewordener Bäume sowie im fortschreitenden Rückgang der Produktionskraft des Waldbodens. Mittelbar bestehen die Verluste in Mehrkosten, die bei Gewinnung und Bringung des in rauchkranken Beständen eingeschlagenen Holzes und die weiterhin als Maßnahmen der Rauchschadenabwehr für Walderneuerung und Waldpflege entstehen. Zudem kommt als besonderer mittelbarer Verlust der aus der Begründung rauchharter Bestände im Wege der Bestandesumwandlung vom Nadelholz zum Laubholz sich ergebende Minderertrag, der letzthin durch Anpassung des Produktionszieles an die Immissionssituation dem weitgehenden Verzicht auf ökonomische Bewirtschaftung des Waldes gleichkommt. Die sich schließlich infolge Imissionseinwirkung ergebenden Folgeschäden, wie z. B. Windbruch, Erosion, Störung des Wasserhaushaltes des Bodens im Bereich verlichteter Bestände, Anfälligkeit rauchkranker Bäume gegenüber Insektenbefall u. a., haben nicht nur wirtschaftliche, sondern auch biozönotische und ideelle Bedeutung. Da es zur realen Einschätzung des Wertes der biozönotischen und der ideellen Bedeutung des Waldes und speziell auch des rauchkranken Waldes noch an genauer Kenntnis der Zusammenhänge der Wirkung des Waldes auf Landschaft und Mensch fehlt, soll im weiteren zunächst nur auf die wertmäßige Erfassung des infolge Immissionseinwirkung im Rümpfwald angerichteten wirtschaftlichen Waldschadens eingegangen werden.

Laut Anweisung des Staatlichen Komitees für Forstwirtschaft [1] waren zum Zeitpunkt der Wertberechnung in der DDR bei Ermittlungen zum Zwecke des Nachweises des infolge Immissionseinwirkung eingetretenen Waldschadens die Zuwachsverluste in über 20 Jahre alten Beständen, die Hiebsunreife als verfrühte Beendigung der Holzproduktion sowie der aus der Therapie der Waldumwandlung sich dauernd ergebende Minderertrag wertmäßig zu erfassen.

Als Grundlage für die Berechnung dieser drei den Waldschaden im wesentlichen verkörpernden Produktionsverluste hatten die Tafeln zur Schätzung der Werte von Waldbeständen [10] zu dienen. Andere infolge Immissionseinwirkung hervorgerufene betriebswirtschaftliche Verluste und Mehraufwendungen, wie z. B. Preiseinbußen infolge geminderter Holzqualität abgestorbener Bäume, Verteuerung der Ernte- und Walderneuerungskosten sowie Mehraufwand für Forstschutzmaßnahmen, waren im einzelnen buchmäßig zu belegen. Die wertmäßige Erfassung aller dieser Einzelmerkmale des im Wald infolge Immissionseinwirkung eingetretenen Schadens geht methodisch im großen und ganzen von Wertsvergleichen aus, ohne daß im Einzelfall immer für die Allgemeinverbindlichkeit des für den Vergleich gewählten Ausgangspunktes gebürgt werden kann. Außerdem bleibt nach der genannten Anweisung die direkte Bewertung des durch Immissionseinwirkung verursachten Rückganges der Produktionskraft des Waldbodens außer Ansatz. Dagegen wird der Ausfall an produzierender Fläche während des Bestandeslebens innerhalb verlichteter Bestände mittels Erfassung der Bestockungsgraddifferenz nachgewiesen.

Bei der Festlegung der Verfahrensweise für die Bewertung des im Rümpfwald vorliegenden Rauchschadens sind wir von der Überlegung ausgegangen, daß es sich bei diesem Waldgebiet um eine chronische Schadenssituation handelt, die durch schon seit Jahrzehnten andauernde Immissionseinwirkung verursacht im Aspekt der der Studie zugrunde liegenden Aufgabenstellung weniger als Gegenstand einzelner Ertragseinbußen, sondern vielmehr als die umfassende Erscheinung der Minderung des Leistungspotentials des Waldes wertmäßig zu erfassen ist. Dabei ist von Klima, Boden und Bestand als den Trägern dieses Potentials auszugehen. Die für das Rümpfwaldgebiet vorgegebene, im großen und ganzen einheitliche Klimasituation schließt die Notwendigkeit aus, bei der wertmäßigen Erfassung des Leistungspotentials nach Unterschieden der Wuchsgebietszugehörigkeit flächenweise zu differenzieren. Dagegen ist der Frage, ob die Unterschiede der im Rümpfwald auftretenden Standortsformen gleichbedeutend mit Unterschieden der von der Immission bewirkten Beeinträchtigung des Leistungspotentials des Waldbestandes sind, durch entsprechende Aufgliederung der zu bewertenden Waldfläche nachzugehen. Schließlich macht es der Unterschied der Rauchanfälligkeit der beiden das Rümpfwaldgebiet beherrschenden Nadelbaumarten Fichte und Kiefer notwendig, die beabsichtigte Wertberechnung baumartenweise aufzugliedern, wobei andere im Rümpfwald auftretende Nadel- und Laubbaumarten wegen ihrer flächenmäßig untergeordneten Bedeutung nicht erfaßt werden brauchen. Die laut Ertragstafel [3] je Bestandeseinheit von der in bestimmtem Alter erreichten Baumhöhe abgeleitete Ertragsklasse kennzeichnet das Leistungsvermögen der jeweiligen Baumart, das in der Gesamtheit der Einzelglieder der Bestandeseinheit im weiteren vom Bestockungsgrad abhängig ist. Davon ausgehend, daß die in den Tafeln zur Schätzung der Werte von Waldbeständen [10] zusammengestellten Werte unter Anwendung der abgewandelten Glaserschen Formel ermittelt worden sind und nach Flachland, Hügelland und Mittelgebirge sowie nach Wertgruppen untergliedert Bestandeswerte darstellen [5, 6], bringen diese Werte fraglos zugleich das den einzelnen Waldbeständen innewohnende Leistungsvermögen zum Ausdruck. Problematisch ist bei der Verwendung dieser Tafeln zur Erfassung des Bestandeswertes des rauchkranken Waldes nur die Notwendigkeit, diesen Wert vergleichsweise einem Wert gegenüberzustellen, der sich ergeben würde, wenn die Rümpfwaldbestände keiner Immissionseinwirkung unterliegen und in ihrem Leistungsvermögen und Gesundheitszustand nicht beeinträchtigt sein würden.

2. Das Bewertungsverfahren

Die Berechnungsgrundlage für die Ermittlung des Wertes der seit langem schon unter Immissionseinwirkung sich befindenden Fichten- und Kieferbestände des Rümpfwaldes (Volkswald) ist, wie bereits bemerkt, von der für dieses Waldgebiet 1958 durchgeführten bestandes- und flächenweisen Erfassung von Baumart, Alter, Bestockungsgrad und Ertragsklasse abgeleitet worden. Dabei sind in die Wertberechnung alle Fichte- und Kieferbestände dieses Rauchschadensreviers einbezogen worden, soweit ihre Aufgliederung in standörtlich begründete Berechnungseinheiten nicht die Ausklammerung einzelner Teilflächen gebot. Bei dieser standörtlich begründeten Aufgliederung ist von der 1954/55 für den Rümpfwald durchgeführten Standortserkundung ausgegangen worden, die für dieses zum Wuchsgebiet des Zwickauer Steinkohlenbeckens (ZS) gehörende Forstrevier folgende, seine Standortsverhältnisse im wesentlichen kennzeichnenden, Standortsformen ausgeschieden hat:

$R_3(d_3)$	=	mäßig trocken mit Tendenz trocken,
$d_2b + R_2b$	=	mäßig trocken, seltener mäßig frisch, gering bewegtes Gelände,
W_2 und W_1	=	starker bzw. mäßiger Wechsel von jahreszeitlicher Nässe und Trockenheit.

Erstrecken sich bei dieser Aufgliederung einzelne Bestände über mehr als nur eine dieser Standortsformen, ist ihre Einbeziehung in die Berechnungsgrundlage unterblieben, weil die schätzungsweise Aufteilung ihrer bestandesweisen Flächenzugehörigkeit zu mehr als einer Standortsform die Genauigkeit der Berechnungsgrundlage in Frage gestellt hätte. Fichte- und Kieferbestände auf anderen als den vorgenannten im Rümpfwald vorkommenden Standortsformen sind, ebenso wie die wenigen mit anderen Laub- und Nadelbaumarten bestockten Flächen, wegen ihrer flächenmäßigen Bedeutungslosigkeit nicht in die Wertberechnung einbezogen worden. Mit diesen der Standortssituation Rechnung tragenden Handhabungen erklärt sich, daß von dem rd. 740 ha großen Rümpfwaldgebiet nur rd. 540 ha, und zwar rd. 215 ha Fichte- und rd. 325 ha Kieferbestände, für die Wertberechnung erfaßt worden sind. Für diese Berechnung sind die M-Werte der Tafeln zur Schätzung der Werte von Waldbeständen [5] verwendet worden, die dann zu verwenden sind, wenn die Leistung der Bestände nur Massenholz erwarten läßt.

Für die bei Unterstellung keiner Immissionseinwirkung vorzunehmende Berechnung des Bestandeswertes der in der Berechnungsgrundlage nach Standorten mit Baumart und Alter flächenweise erfaßten Rümpfwaldbestände ist auf Ergebnisse zurückgegriffen worden, die im Laufe einer vom VEB Forstprojektierung, Potsdam, veranlaßten Untersuchung erzielt worden sind [4, 9]. Nach diesen Untersuchungsergebnissen würden die einzelnen vorstehend aufgeführten Standortsformen leistungsmäßig Standortsformengruppen entsprechen, die im unteren Hügelland (U) auftretend als klimatisch feucht (f) bezeichnet sind. Sie besitzen sämtlich mittlere Nährkraft (M), die im einzelnen besondere Prägung durch Bodenwechselklima (W), Wasserführung in den unteren Bodenschichten (w) oder durch unterschiedliche Wasserversorgung (3 = Bodenfrische und Wasserhaushalt schlecht, 2 = Bodenfrische und Wasserhaushalt durchschnittlich) aufweist. Dabei wird weiterhin noch zwischen besserer (+) und schlechterer (—) Variante unterschieden. Es wurde dementsprechend standortmäßig folgende Gegenüberstellung[1]) vorgenommen:

$ZSR_3(d_3)$	entspricht	$Uf - M3$
ZSd_2b und ZSR_2b	,,	$Uf - M3+$
ZSW_2	,,	$Uf - WM2$
ZSW_1	,,	$Uf - M2w$

Mittels umfassender ertragskundlicher Untersuchungen ist festgestellt worden [4], welche Leistung von den Hauptbaumarten Fichte und Kiefer im Rahmen bestimmter Bestockungszieltypen auf den Standortsformengruppen — ohne daß irgendwelche umweltbedingte Beein-

[1]) Diese Gegenüberstellung und die ins einzelne gehende Definierung der je Standortsformengruppe von Fichte und Kiefer zu erwartenden Leistung sind Herrn Dr. habil. Hengst (Bereich Forsteinrichtung und forstl. Ertragskunde der Sektion Forstwirtschaft Tharandt der TU Dresden) zu danken, der hierzu von Erkenntnissen ausgehen konnte, die er als maßgeblicher Mitarbeiter zum „Vorschlag für eine optimale Baumartenzusammensetzung auf lange Sicht im Gesamtwald der DDR" gewonnen hat.

trächtigungen der Wuchsleistung auftreten — optimal erwartet werden kann. Bei Berücksichtigung der für den Rümpfwald festgelegten Umtriebszeit (= 80 Jahre) entspricht diese Leistung bei den einzelnen Standortsformengruppen für Fichte und Kiefer bestimmten, nach Zehnteln abgestuften Ertragsklassenwerten. Die Festlegung dieser Leistung ist im besonderen noch an Betriebssicherungsfaktoren geknüpft, die die standortsspezifische Ertragssicherheit kennzeichnen und die in die vorzunehmende Wertberechnung genauso wie der Bestockungsgrad der rauchkranken Bestände als Reduktionsfaktor eingehen. Wenn auch der Betriebssicherungsfaktor dem Bestockungsgradverhältnis entspricht und rechnerisch als Mittelwert der betreffenden Standortsformengruppe verwendet wird, so hat er mit der Kennzeichnung anormaler bzw. naturwidriger Auflockerung des Bestockungsgrades nichts zu tun.

Zur Vergleichbarkeit der beiden Berechnungsunterlagen — in dem einen Fall bei Vorliegen von Immissionseinwirkung und in dem anderen Fall bei Unterstellung nicht vorhandener Immissionseinwirkung — ist hervorzuheben, daß in beiden Fällen von dem gleichen durch Baumart und Bestandesalter identifizierten Bestandeszustand bei jedesmal derselben Standortsform bzw. Standortsformengruppe ausgegangen worden ist. Der dabei in Erscheinung tretende Unterschied der Ertragsklassenleistung hat sich zwar beim immissionsbeeinflußten Wald aus der mittleren Bestandeshöhe und für das Vergleichsobjekt des nicht immissionsbeeinflußten Waldes aus Oberhöhenmessungen hergeleitet. Dieser Unterschied der Ertragsklassenermittlung erlaubt jedoch die Durchführung der vergleichenden Wertberechnung, weil sich beide Bonitierungen der gleichen Ertragstafelauszüge von Erteld [3] bedient haben.

3. Das Ergebnis der vergleichenden Wertberechnung

Das Ergebnis der Wertberechnung, mit dem als rechnerischer Vergleich Zerschlagungswerte gegenübergestellt werden, ist im einzelnen den Anlagen I (enthaltend die Tabellen 1 bis 8) und II (enthaltend 4 graphische Darstellungen zu Tabellen 1 bis 8) zu entnehmen. Da sich die Berechnung nur auf mit Fichte und Kiefer bestockte Flächen erstreckt und sich dabei auf solche Bestandeseinheiten beschränkt hat, die eindeutig einer bestimmten im Rümpfwald überwiegend vorkommenden Standortsform zuzuordnen sind, mußte darauf verzichtet werden, den Waldwert für die gesamte Rümpfwaldfläche (Volkswald) nachzuweisen. Stattdessen ist der Bestandeswert für jede der beiden Baumarten bei 10jähriger Altersabstufung je ha berechnet und daraus für alle zu einer bestimmten Standortsform bzw. Standortsformengruppe gehörenden Bestände der Gesamtwert je ha ermittelt worden. Mit welchem Anteil die rauchkranken Bestände der einzelnen Altersstufen bei den einzelnen Standortsformen flächenmäßig vertreten und welcher Ertragsklassenwert und Bestockungsgrad für sie repräsentativ sind, ist den Spalten 2, 4, 6, 7, 8, 9 der Tabellen im einzelnen zu entnehmen. Für die bei Unterstellung keiner Immissionseinwirkung für Fichte und Kiefer vorgenommene Berechnung ist bei den einzelnen Standortsformengruppen für alle Altersstufen sowohl ein bestimmter Ertragsklassenmittelwert (Spalte 12) als auch ein bestimmter Betriebssicherungsfaktor (Spalte 13) rechnerisch zu Grunde gelegt worden. Die dabei je ha erzielten Bestandeswerte (Spalte 14) stehen den für den rauchkranken Wald je ha berechneten Werten (Spalte 10) im Verhältnis $100 : x$ (Spalte 16 : Spalte 15) gegenüber.

Die zusammenfassende Gegenüberstellung des Bestandeswertes der rauchkranken dem der nicht immissionsbeeinflußten Bestände ergibt für den rauchkranken Wald für Fichte einen um 27,6% und für Kiefer einen um 23,8% niedrigeren Wert. Die Erwartung, daß diese Wertminderung standortsbedingte Unterschiede zeigt, hat sich eindeutig bestätigt, indem die Wertminderung infolge Immissionseinfluß bei der Fichte auf den ihr wenig zusagenden wechselfeuchten Standorten rd. 10% größer ist als bei den für sie standörtlich günstigeren Böden mit guter physikalischer Beschaffenheit. Außerdem hat die Wertberechnung bemerkenswerte Siginifikanz für den Nachweis größerer Immissionsempfindlichkeit der Fichte im Vergleich zur Kiefer offensichtlich gemacht. Der sich in dieser Hinsicht bei Tabellen 3 und 4 zeigende Widerspruch findet seine Erklärung in dem relativ großen Unterschied zwischen Bestockungsgrad (0,85) und Betriebssicherungsfaktor (1,0) der Kieferbestände.

Zur kritischen Beurteilung des Bewertungsergebnisses ist zu bemerken, daß die Ertragsklassenleistung der Standortsformengruppen im Vorschlag für eine optimale Baumartenzusammensetzung [4] bei Fichte und Kiefer von der Leistung der 70jährigen Bestände abgeleitet worden ist. Das hat zu einer optimistischen Bonitierung der noch älteren Bestände geführt. Auch muß auf die allgemeine Wahrnehmung hingewiesen werden, daß sich in letzter Zeit die Bonitäten der Jungbestände gegenüber früheren Bonitierungen merklich gebessert haben, was zum großen Teil eine Folgeerscheinung der Intensivierung der Walderneuerungsverfahren ist. Dagegen zeigt sich bei diesem Vergleich zwischen Vergangenheit und Gegenwart in den Altbeständen der Trend der Bonitätsverschlechterung, der wahrscheinlich klimatisch verursacht ist. Zu dem rechnerisch schwerwiegenden Faktor Bestockungsgrad ist hervorzuheben, daß für ihn eine sinkende Tendenz ab 50 Jahre und älter als naturgemäß gilt. Als Norm des absterbenden Bestandes ab Alter 50 Jahre aufwärts sind bei Immissionseinwirkung etwa 8% und unter immissionsfreien Verhältnissen etwa 5% je Vorratsfestmeter jährlich zu unterstellen.

4. Die Interpretation des Ergebnisses der Wertberechnung

Durch die nach Altersstufen aufgegliederte Berechnung des Bestandeswertes je ha konnte Einblick in den Wertverlauf während des ganzen Bestandeslebens gewonnen werden. Dazu hat sich (Anlagen II) für das Jugendstadium der Fichte- und Kieferbestände — ganz gleich, ob sie unter Immissionseinwirkung zu leiden haben oder nicht — mit Alterszunahme fortschreitende, zunächst nahezu übereinstimmend Wertzunahme gezeigt, die ihre Begründung in der naturgesetzlich gegebenen Steigerung der Zuwachsleistung mit zunehmendem Alter findet. Diese Übereinstimmung der Wertzunahme herrscht bei den Kieferbeständen bis zum Alter etwa 30 Jahre vor, und hierbei macht nur die Standortsform $ZSR_3 + d_3$, bzw. die Standortsformengruppe $Uf - M3$ eine Ausnahme, bei der die Übereinstimmung bis zum Alter 40—50 Jahre andauert. Nach diesen Zeitabschnitten verlangsamt sich bei den immissionsgeschädigten Kieferbeständen die Wertzunahme zusehends gegenüber den Kiefern ohne Immissionseinwirkung. Bei den Fichtenbeständen besteht diese Übereinstimmung bei den wechselfeuchten Standorten nur bis zum Alter etwa 30 Jahre, während sie bei den übrigen Standorten bis zum Alter etwa 50 Jahre andauert. Diese bei den wechselfeuchten Standorten nur kurzbefristete Übereinstimmung ist damit zu erklären, daß die Fichte hier ihr sehr wenig zusagende Lebensbedingungen findet, die ihre jugendliche Widerstandsfähigkeit gegenüber Immissionseinwirkung frühzeitig hemmen und dementsprechende Wertminderung zur Folge haben. Nach Erreichen der vorgenannten Zeitpunkte verlangsamt sich mit zunehmendem Alter der unter Immissionseinwirkung stehenden Fichte- und Kieferbestände die Wertzunahme ohne deutlich erkennbaren Unterschied der standörtlichen Voraussetzung und kommt nicht nur allgemein bald zum Stillstand, sondern wird in hohem Alter vereinzelt auch rückläufig. Bei den keiner Immissionseinwirkung ausgesetzten Beständen dieser beiden Baumarten ist der Bestandeswert jedoch mit zunehmendem Alter ständig im Steigen begriffen.

Unbestreitbar ist die Entwicklung des aus den Anlagen II ersichtlichen, bei 10jähriger Altersabstufung verlaufenden Bestandeswertes der immissionsgeschädigten Fichte- und Kieferbestände maßgeblich durch das mit zunehmendem Alter zu verzeichnende Gefälle der Bestockungsgrad- und Ertragsklassenwerte bestimmt (siehe Anlagen I, Spalten 6 und 8). Hierzu ist die altersbedingte Verschlechterung des Ertragsklassenwertes deutlich als Indizium für vorliegenden Immissionsschaden zu erkennen. Denn die Ertragsklassenwerte leiten sich von der Höhenwuchsleistung der Bestandesglieder her und weisen somit nach, wie groß die Minderung dieser Leistung infolge Immissionseinwirkung ist. Dieser Nachweis ist besonders deutlich durch die Gegenüberstellung der mittleren Ertragsklassenwerte der immissionsgeschädigten und die keiner Immissionseinwirkung ausgesetzten auf wechselfeuchten Standorten stockenden Fichtebestände (Anlagen I, Tab. 5 und 9) erbracht, auf denen diese Baumart, wie oben hervorgehoben, ihr sehr wenig zusagende Lebensbedingungen vorfindet und darum erfahrungsgemäß besonders stark immissionsanfällig ist. Die Feststellung Eickes [10], daß die Reaktion auf Immissionseinwirkung bei der Kiefer vornehmlich an der Minderung der Höhenzuwachsleistung, bei der Fichte dagegen an geminderter Durchmesserzuwachsleistung wahrzunehmen ist, läßt sich mit dem Vergleich des Zahlenwerkes der Tabellen der Anlagen I nicht beweisen. Der nach Altersabstufung und als Mittelwert aller Altersstufen für jede Standortsform bzw. Standortsformengruppe vorgelegte tabellarische Nachweis der Bestockungsgradverhältnisse (Anlagen I, Spalte 6) zeigt nicht nur eindeutige Regelmäßigkeit der Verschlechterung des Bestockungsgrades der immissionsgeschädigten Bestände mit Alterszunahme, sondern belegt auch im Wege des Vergleiches der Bestockungsgradmittelwerte aller Altersstufen die Bestockungsgradminderung um 1 bis 2 Zehntel für die immissionsgeschädigten Fichte- und Kieferbestände. Dieser Erscheinung der mit zunehmendem Alter fortschreitenden Verringerung des Bestockungsgrades der in die Wertberechnung einbezogenen Bestände des Rümpfwaldes ist die Frage entgegenzuhalten, ob und mit welchem Ausmaß diese Bestockungsgradverringerung als durch Immissionseinwirkung verursacht zu beurteilen ist und ob sie nicht etwa ihre Ursache in starken Einzelentnahmen von Bestandesgliedern zwecks Erfüllung der Einschlagsumlagen findet. Bedauerlicherweise kann die Beantwortung dieser Frage für die Zeit von 1945—1958 nicht auf Vollzugsnachweise zurückgreifen. Für das Wirtschaftsjahrzehnt 1958—1967 ist bei der Buchung der Totalitätsnutzung kein Unterschied zwischen Dürrholz sowie Bruch- und Wurfholz gemacht worden. Die Berücksichtigung des normal ausscheidenden Bestandes ist beim Suchen nach Ursachen für die Bestockungsgradverringerung praktisch gegenstandslos, weil dieser Bestandesausscheidungsvorgang als Folge der Immissionseinwirkung im Rümpfwald anormal vor sich geht. Bei schätzungsweiser Einrechnung der ohne buchmäßige Erfassung als Selbstwerbung abgegebenen Dürrhölzer hat die Totalitätsnutzung in diesem Zeitraum rd. 1 Erntefestmeter Derbholz je ha jährlich ergeben. Dieser Holzmassenanfall ist etwa doppelt so hoch wie die Totalitätsnutzung, mit der erfahrungsgemäß in Waldgebieten gerechnet werden muß, die weder unter ungewöhnlich starker Windeinwirkung, noch unter ständiger Raucheinwirkung zu leiden haben. Da der Rümpfwald den Waldgebieten ohne Auftreten häufiger und starker Stürme zuzurechnen ist, kann unbedenklich unterstellt werden, daß sich die Totalitätsnutzung mit rd. 1 Erntefestmeter Derbholz je ha jährlich in diesem Waldgebiet überwiegend auf Dürrhölzer erstreckt hat, also als Folge der Raucheinwirkung Jahr für Jahr zur fortschreitenden Minderung des Bestockungsgrades der Nadelbaumbestände geführt hat. Diese Erscheinung ist überdies schon immer dafür bestimmend gewesen, Durchforstungen und anderweite bestandespflegliche Maßnahmen im Rümpfwald nach Häufigkeit und Stärke des Eingriffs weitgehend einzuschränken, weil die mit solchen Pflegemaßnahmen angestrebte Vereinzelung der Bestandesglieder praktisch, wie gesagt, durch Raucheinwirkung besorgt wird.

Die bei kritischer Betrachtung der Ergebnisse der Wertberechnung naheliegende Frage, inwieweit die im Laufe des 2. Weltkrieges und der Nachkriegsjahre vorgenommenen Mehreinschläge und die dadurch je Flächeneinheit bewirkte Holzvorratssenkung den Bestandeswert des Rümpfwaldes gemindert haben, übersieht, daß es sich bei der zum Stichtag 1. 1. 1958 vorgenommenen Wertermittlung nicht um die Feststellung dieses Bestandeswertes an sich, sondern um den Wertvergleich standörtlich bestimmter, rauchkranker und gesunder Bestände handelt. Wenn auch diese Mehreinschläge im Rümpfwald wesentlich zur Holzvorratssenkung beigetragen haben, so haben sie jedoch kaum die allgemein anzutreffende Auflichtung der Bestände verursacht, weil sie zwangsläufig zwecks Erfüllung der auf Sortimentsanforderungen beruhenden Auflagen zumeist durch Kahlschlagnutzungen haben aufgebracht werden müssen. Diese Klarstellung ist eindeutig durch das Altersklassenverhältnis der in die Berechnung einbezogenen Kieferbestände belegt, bei dem die 1—10jährigen Bestände mit einem Flächenanteil von 29% ausgewiesen sind. Die zur Erfüllung der Mehreinschlagsauflagen notwendige Holzaufbringung ist hauptsächlich mittels Kahlschlägen in den das Umtriebsalter (90 Jahre) überschreitenden Fichte- und Kieferbeständen erzielt worden, die dann anschließend mit Kiefer wiederaufgeforstet worden sind, womit eine waldbauliche Therapiemaßnahme gegen Rauchschädigung vollzogen wurde.

Durch den folgenden Nachweis des sehr ungleichmäßigen Altersklassenverhältnisses der in die Wertberechnung einbezogenen Fichte- und Kieferbestände und zwar:

Alter:	1—10	11—20	21—30	31—40	41—50	51—60	61—70	71—80	81—90	91—100	üb. 100
Fichte											
tatsächlich	3%	5%	9%	15%	9%	10%	12%	18%	12%	4%	3%
normal	11	11	11	11	11	11	11	11		12	
Kiefer											
tatsächlich	29	1	5	11	16	16	6	6	5	3	2
normal	11	11	11	11	11	11	11	11		12	

wird, abgesehen von der als Folge der Immissionseinwirkung gestörten Nachhaltigkeit, schließlich offensichtlich, daß die ermittelte Minderung des Bestandeswertes der unter Immissionseinwirkung stehenden Fichte- und Kieferbestände als 27,6% und 23,8% nicht ohne Beachtung der tatsächlichen Wertanteile der einzelnen in die Berechnung einbezogenen Altersstufen beurteilt und nicht ohne diese Einschränkung verallgemeinert werden darf. Unterstellt man, daß bei den Fichte- und Kieferbeständen als rd. 215 ha und rd. 325 ha Flächenanteile der 1—80-jährigen und der über 80jährigen Bestände normal auf die einzelnen Altersstufen verteilt sind, so ergibt sich für die immissionsgeschädigten Bestände gegenüber den immissionsunbeeinflußten Beständen (= 100%) rechnerisch eine Wertminderung von rd. 24% für Fichte und von rd. 28% für Kiefer. Indem somit für die Gesamtheit der immissionsgeschädigten Fichte- und Kieferbestände unter der Voraussetzung des normalen Altersklassenverhältnisses nahezu die gleiche Wertminderung wie unter der Voraussetzung des tatsächlichen Altersklassenverhältnisses ermittelt worden ist, berechtigt dies zu der Feststellung, daß das vorgelegte, auf dem Wertvergleich immissionsgeschädigter mit immissionsunbeeinflußten Nadelbaumbeständen beruhende Wertberechnungsverfahren im Hinblick auf die dabei erzielbaren pauschalen Wertergebnisse durchaus vertretbar ist.

LITERATURVERZEICHNIS

[1] Dienstanweisung Nr. 5/68 — Richtlinie zur Durchführung von Waldwertschätzungen — vom 29. III. 68 des Staatl. Komitees für Forstwirtschaft und Anlage zur Dienstanweisung Nr. 15/67 — Richtlinie zur Bemessung und Leistung von Ersatz für Schäden in der Forstwirtschaft durch Luftverunreinigungen — des Staatl. Komitees für Forstwirtschaft.

[2] Eicke, S., Beiträge zur Rauchschadenforschung. Naturwiss. Zeitschrift für Forst- und Landwirtschaft, Stuttgart, 12. Jg. (1914), H. 5, S. 201—207.

[3] Erteld, W., Ertragstafel-Auszüge. 2. neu bearbeitete und ergänzte Auflage. Neumann-Verlag 1962. (Für Fichte Ertragstafel für mäßige Durchforstung nach Wiedemann 1936/42, für Kiefer Ertragstafel für mäßige Durchforstung nach Schwappach 1908).

[4] Flöhr, W., Hengst, E., Kopp, D., Lembcke, G., Schwanecke, W., Wünsche, H. E., Vorschlag für eine optimale Baumartenzusammensetzung auf lange Sicht im Gesamtwald der DDR. Herausgegeben vom VEB Forstprojektierung Potsdam 1969.

[5] Landbeck, H., Die neuen „Tafeln zur Schätzung der Werte von Waldbeständen". Die Soz. Forstwirtschaft, H. 2 (1967), S. 43—46.

[6] Landbeck, H., Der „Wert — hdz". Die Soz. Forstwirtschaft, H. 12 (1966), S. 365—367.

[7] Mitteilungsblatt — Wissenschaftlich-Technischer Fortschritt in der Forstwirtschaft. Herausgeber Koordinierungsstelle für Rationalisierung in der Forstwirtschaft beim Staatl. Komitee für Forstwirtschaft, 6/1971, S. 25.

[8] Pollanschütz, J., Erste Ergebnisse über die Verwendung eines Infrarot-Farbfilmes in Österreich für die Zwecke der Rauchschadenfeststellung. Centralbl. f. d. ges. Forstwesen, Wien, 85. Jahrg. (1968), H. 2, S. 65—79.

[9] Schwanecke, W., Die Bildung von Standortsformengruppen im Hügelland und Mittelgebirge der DDR. Die Soz. Forstwirtschaft, Beilage zu H. 11 (1965), S. 1—8.

[10] Tafeln zur Schätzung der Werte von Waldbeständen. Forstwirtschaftliches Institut Potsdam 1965.

Anschrift des Verfassers:

Felix Lampadius, Dipl. Forsting, 8053 Dresden, Käthe-Kollwitz-Ufer 90.

ANLAGEN

Anlagen I

Tabelle 1

Baumart	Alter	Fläche		Standortsform 1954/55	Bestockungsgrad		Ertragsklasse 1958	
		ha	%		absolut	im Mittel	absolut	im Mittel
1	2	3	4	5	6	7	8	9
Fichte	1– 10	0,38	1	$ZSR_3(d_3)$	0,9		III. 0	
	11– 20	0,51	2	(mäßig trockene Standorte	0,8		III. 2	
	21– 30	1,36	6	mit Tendenz trocken u.	0,8		III. 0	
	31– 40	2,69	12	infolge Geländeausformung	0,9		II. 8	
	41– 50	4,06	17	u. Bodenart sehr trockene	0,7		II. 5	
	51– 60	4,38	18	Standorte)	0,7	0,7	II. 9	III. 3
	61– 70	7,31	30		0,7		III. 8	
	71– 80	1,41	6		0,6		III. 7	
	81– 90	1,15	5		0,7		III. 9	
	91–100	0,12	1		0,7		IV. 0	
	101–110	0,05	—		0,6		IV. 5	
	111–120	0,58	2		0,6		IV. 7	
	1–120	24,00	100					

Tabelle 2

Kiefer	1– 10	19,31	17	$ZSR_3(d_3)$	0,9		II. 4	
	11– 20	1,30	1		0,9		II. 5	
	21– 30	4,59	4		0,8		II. 3	
	31– 40	10,26	9		0,8		II. 2	
	41– 50	27,85	25		0,7		II. 3	
	51– 60	22,66	20		0,7	0,7	II. 6	III. 4
	61– 70	9,41	8		0,7		II. 8	
	71– 80	5,73	5		0,7		III. 6	
	81– 90	6,56	6		0,7		III. 2	
	91–100	3,30	3		0,6		IV	
	101–110	2,25	2		0,5		III. 7	
	111–120	0,19	—		0,7		IV. 5	
	1–120	131,41	100					

Bestandes wert M/je ha	Standortsformengruppe	Ertrags-klasse im Mittel	Betriebs-sicherungs-faktor	Bestandes-wert M/je ha	Unterschied Bestandeswert in Prozent	
					Spalte 10	Spalte 14
10	11	12	13	14	15	16
2294,–	$Uf - M_3$ (Unteres Hügelland, klimatisch feuchter Standort, mittlere Nährkraft, Wasserversorgung schlecht, physikal. Beschaffenheit schlecht)	III. 4	0,9	1584,–	145	100
3947,–				4305,–	92	100
5166,–				4727,–	109	100
7398,–				6292,–	118	100
9728,–				9518,–	102	100
10170,–				11170,–	91	100
9555,–				14600,–	65	100
9970,–				16150,–	62	100
11690,–				18620,–	63	100
12390,–				19890,–	62	100
6900,–				21240,–	32	100
8650,–				22350,–	39	100
9088,–				11740,–	77,6	100

2708,–	$Uf - M3$	II. 9	0,9	2688,–	101	100
3228,–				3178,–	102	100
4254,–				3906,–	109	100
4983,–				4326,–	115	100
6047,–				5775,–	105	100
6153,–				6519,–	94	100
6226,–				7460,–	93	100
5226,–				8430,–	62	100
6193,–				9830,–	63	100
6040,–				10800,–	56	100
4648,–				11700,–	40	100
4831,–				12240,–	39	100
5222,–				5947,–	87,8	100

Tabelle 3

Baumart	Alter	Fläche		Standortsform 1954/55	Bestockungsgrad		Ertragsklasse 1958	
		ha	%		absolut	im Mittel	absolut	im Mittel
1	2	3	4	5	6	7	8	9
Fichte	1– 10	3,39	3	ZSd_2b und R_2b	0,9		III. 2	
	11– 20	5,76	6	(mäßig trockenes, seltener	1,0		III. 0	
	21– 30	8,67	9	mäßig frisches, gering	1,0		II. 7	
	31– 40	12,07	12	bewegtes Gelände)	0,9		III. 3	
	41– 50	7,76	8		0,8		II. 6	
	51– 60	9,75	10		0,7		II. 9	
	61– 70	10,28	10		0,7	0,7	III. 1	III. 3
	71– 80	21,43	21		0,6		III. 7	
	81– 90	12,04	12		0,6		III. 5	
	91–100	6,88	7		0,6		IV. 2	
	101–110	1,84	2		0,6		IV. 0	
	111–120	0,66	—		—		V. 0	
	121–130	0,30	—		0,5		III. 0	
	1–130	100,83	100					

Tabelle 4

Kiefer	1– 10	35,56	26	ZSd_2b und R_2b	0,9		II. 5	
	11– 20	1,93	1		1,0		II. 1	
	21– 30	4,41	3		1,0		II. 2	
	31– 40	17,64	13		0,8		II. 1	
	41– 50	19,18	14		0,8		II. 2	
	51– 60	21,53	15		0,7		II. 5	
	61– 70	9,57	7		0,7		II. 9	
	71– 80	13,43	10		0,7	0,85	II. 9	II. 6
	81– 90	8,22	6		0,7		III. 5	
	91–100	4,96	4		0,7		III. 5	
	101–110	1,16	1		0,6		IV. 0	
	111–120	0,55	—		0,8		III. 4	
	131–140	0,81	—		0,6		III. 3	
	141–150	0,20	—		0,5		II. 5	
	1–150	139,15	100					

Bestandeswert M/je ha	Standortsformengruppe	Ertragsklasse im Mittel	Betriebssicherungsfaktor	Bestandeswert M/je ha	Unterschied Bestandeswert in Prozent Spalte 10	Unterschied Bestandeswert in Prozent Spalte 14
10	11	12	13	14	15	16
3205,—	*Uf — M 3 +*			2902,—	110	100
5042,—	(Unteres Hügelland,			4120,—	122	100
6087,—	klimatisch feuchter Stand-			4927,—	124	100
7400,—	ort, mittlere Nährkraft			7239,—	102	100
9670,—	[mäßig], Wasserversorgung			8775,—	110	100
10160,—	schlecht, physikalische			12300,—	83	100
12430,—	Beschaffenheit schlecht,	II. 9	0,8	14070,—	88	100
11590,—	bessere Variante)			16790,—	69	100
12600,—				19420,—	65	100
10390,—				20960,—	50	100
12790,—				22600,—	57	100
4700,—				23410,—	20	100
1480,—				24360,—	6	100
9762,—				12930,—	75,5	100
2735,—	*Uf — M 3 +*			3038,—	90	100
4582,—				4250,—	108	100
5303,—				4844,—	109	100
5566,—				6010,—	93	100
6070,—				7250,—	84	100
6023,—				8600,—	70	100
6352,—				9970,—	64	100
6415,—		II. 5	1,0	11430,—	56	100
6101,—				13200,—	46	100
6542,—				14200,—	46	100
5476,—				16540,—	33	100
9150,—				16960,—	54	100
7249,—				18100,—	40	100
9300,—				18600,—	50	100
5193,—				7490,—	69,3	100

Tabelle 5

Baumart	Alter	Fläche		Standortsform 1954/55	Bestockungsgrad		Ertragsklasse 1958	
		ha	%		absolut	im Mittel	absolut	im Mittel
1	2	3	4	5	6	7	8	9
Fichte	1– 10	1,73	3	*ZSW*$_2$	0,9		III. 0	
	11– 20	2,68	5	(stärkerer Wechsel von	1,0		II. 8	
	21– 30	5,60	10	jahreszeitlicher Nässe und	0,8		II. 9	
	31– 40	12,61	22	Trockenheit)	0,8		III. 0	
	41– 50	4,76	8		0,7		II. 9	
	51– 60	2,53	4		0,6	0,7	III. 2	III. 3
	61– 70	5,45	10		0,7		III. 7	
	71– 80	11,65	20		0,7		III. 7	
	81– 90	9,27	16		0,6		III. 2	
	91–100	0,67	2		0,7		IV. 4	
	111–120	0,09	–		0,6		V. 0	
	1–120	57,04	100					

Tabelle 6

Kiefer	1– 10	26,29	54	*ZSW*$_2$	0,9		II. 5	
	11– 20	0,67	1		0,9		II. 1	
	21– 30	1,30	3		0,8		II. 4	
	31– 40	3,07	6		0,8		II. 1	
	41– 50	3,79	8		0,7		II. 2	
	51– 60	7,48	15		0,7	0,8	II. 5	II. 5
	61– 70	1,82	4		0,7		II. 9	
	71– 80	1,42	3		0,7		III. 0	
	81– 90	1,57	3		0,6		III. 1	
	91–100	1,13	3		0,7		III. 5	
	111–120	0,09	–		0,7		IV. 5	
	1–120	48,63	100					

Bestandes-wert M/je ha	Standortsformengruppe	Ertrags-klasse im Mittel	Betriebs-sicherungs-faktor	Bestandes-wert M/je ha	Unterschied Bestandes-wert in Prozent Spalte 10	Spalte 14
10	11	12	13	14	15	16
3238,—	$Uf - WM_2$			2931,—	110	100
4888,—	(Unteres Hügelland,			4308,—	113	100
5169,—	klimatisch feuchter Stand-			5096,—	101	100
6213,—	ort, Boden mit Boden-			6888,—	90	100
7882,—	wechselklima, mittlere			9110,—	87	100
8550,—	Nährkraft [mäßig], Wasser-	II. 7	0,8	12150,—	70	100
9520,—	versorgung durchschnittl.			15280,—	62	100
10430,—	[betr. Bodenfrische und			16820,—	62	100
11960,—	Wasserhaushalt]			20560,—	58	100
9750,—				22590,—	43	100
4622,—				25120,—	18	100
8355,—				12158,—	68,7	100
2654,—	$Uf - WM_2$			2736,—	97	100
4359,—				4349,—	100	100
3980,—				5117,—	78	100
5392,—				6433,—	84	100
5829,—				7674,—	76	100
5959,—		II. 0	0,9	9270,—	64	100
6210,—				10590,—	59	100
6420,—				12170,—	53	100
6400,—				14760,—	43	100
6930,—				18916,—	37	100
4833,—				19530,—	25	100
4108,—				5759,—	71,3	100

Tabelle 7

Baumart	Alter	Fläche		Standortsform 1954/55	Bestockungsgrad		Ertragsklasse 1958	
		ha	%		absolut	im Mittel	absolut	im Mittel
1	2	3	4	5	6	7	8	9
Fichte	1– 10	0,90	3	ZSW_1	0,9	0,8	III. 1	III. 3
	11– 20	1,47	5	(mäßiger Wechsel von	0,9		III. 1	
	21– 30	4,56	16	jahreszeitlicher Nässe und	0,9		III. 0	
	31– 40	4,60	16	Trockenheit)	0,8		III. 1	
	41– 50	2,71	9		0,8		III. 3	
	51– 60	4,32	15		0,7		III. 0	
	61– 70	1,32	4		0,7		III. 3	
	71– 80	3,15	11		0,7		III. 7	
	81– 90	1,89	6		0,7		III. 6	
	91–100	1,18	4		0,7		III. 1	
	101–110	3,22	11		0,6		IV. 0	
	121–130	0,07	–		0,7		IV. 0	
	1–130	29,39	100					

Tabelle 8

Kiefer	1–10	11,91	50	ZSW_1	0,9	0,8	II. 4	II, 4
	21–30	0,36	2		0,9		II. 0	
	31–40	4,58	19		0,8		II. 2	
	41–50	0,89	4		0,7		II. 0	
	51–60	3,90	16		0,7		II. 4	
	61–70	2,20	9		0,7		II. 9	
	81–90	0,10	–		0,8		III. 0	
	1–90	23,94	100					

Bestandeswert M/je ha	Standortsformengruppe	Ertragsklasse im Mittel	Betriebssicherungsfaktor	Bestandeswert M/je ha	Unterschied Bestandeswert in Prozent Spalte 10	Spalte 14
10	11	12	13	14	15	16
3115,—	*Uf — M2w* (Unteres Hügelland, klimatisch feuchter Standort, mittlere Nährkraft [mäßig], Wasserversorgung [Bodenfrische und Wasserhaushalt] durchschnittlich, wasserführend in den unteren Schichten)	II. 3	0,8	2903,—	107	100
3856,—				3880,—	99	100
5391,—				5335,—	104	100
6866,—				7858,—	87	100
8680,—				10290,—	84	100
9700,—				13480,—	72	100
11030,—				17630,—	63	100
10900,—				20220,—	54	100
13720,—				23120,—	59	100
17310,—				24840,—	70	100
11280,—				27110,—	42	100
13850,—				28480,—	49	100
8930,—				13750,—	64,9	100

2869,—	*Uf — M2w*	II. 1	0,9	2833,—	101	100
5669,—				5319,—	107	100
5882,—				6577,—	89	100
5950,—				7352,—	81	100
6346,—				8840,—	72	100
5671,—				10490,—	54	100
7520,—				13070,—	58	100
4446,—				5480,—	81,1	100

Anlagen II

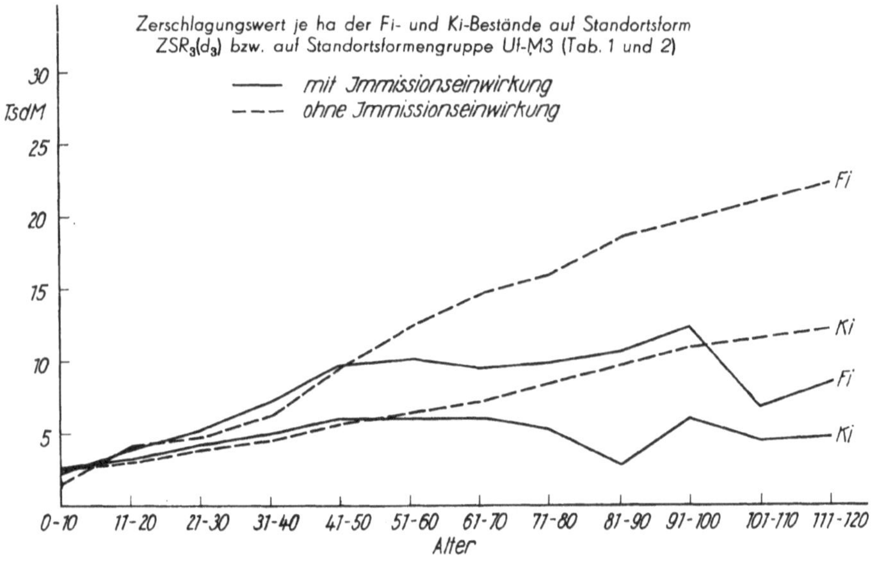

Abbildung 1

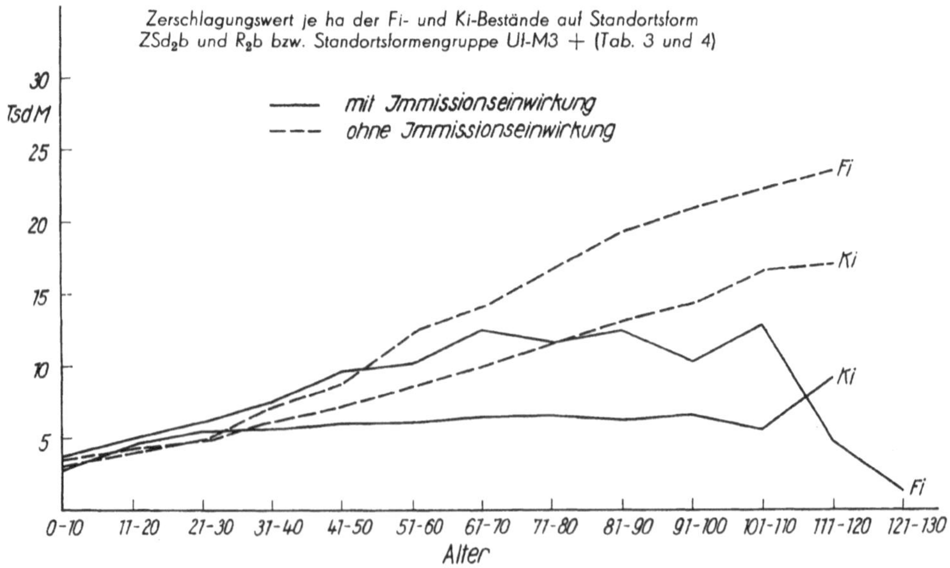

Abbildung 2

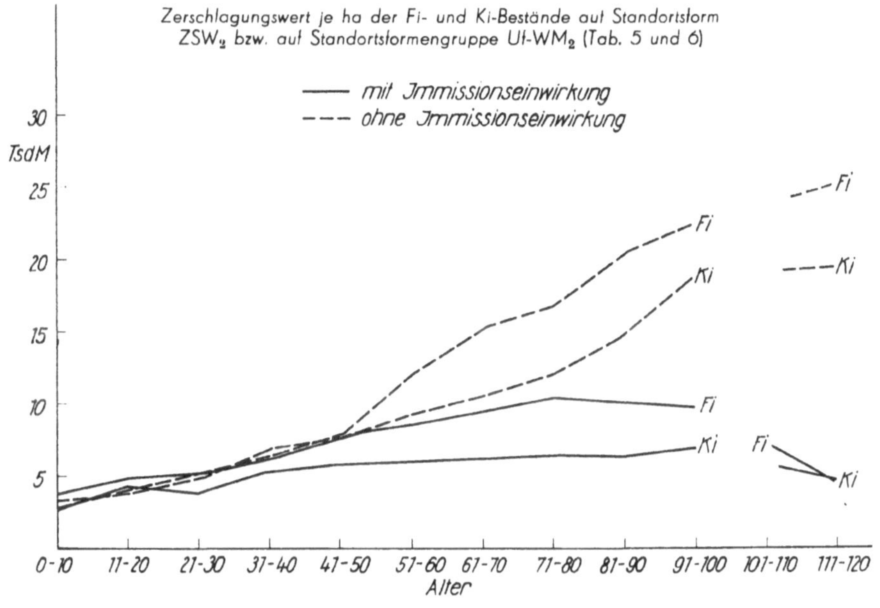

Abbildung **3**

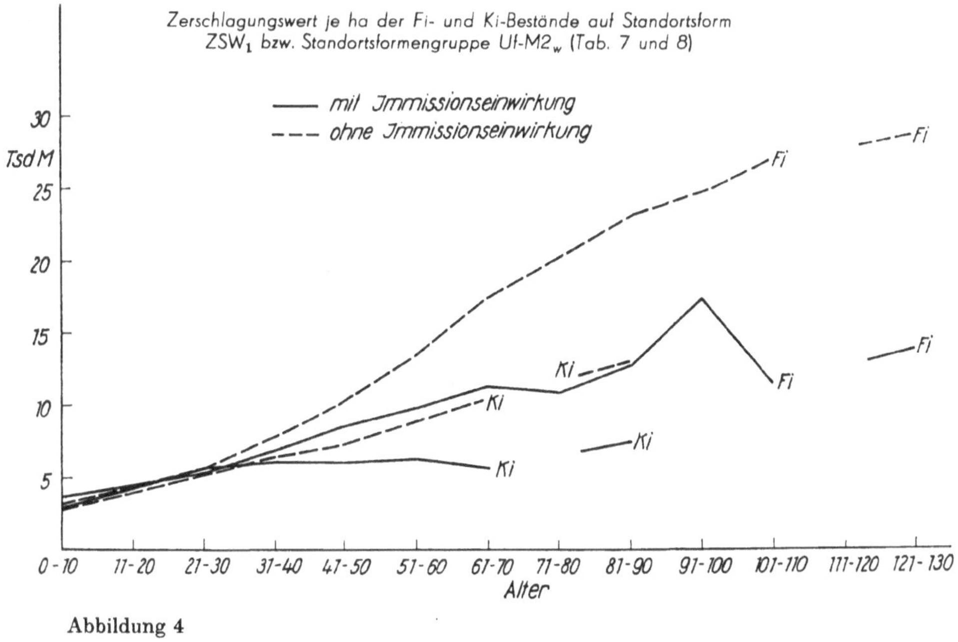

Abbildung **4**

FSC®
www.fsc.org
MIX
Papier | Fördert gute Waldnutzung
FSC® C083411

Kolibri 360 GmbH
Ferdinand-Jühlke-Straße 7
99095 Erfurt, Deutschland
produktsicherheit@kolibri360.de